前 言

联合国《生物多样性公约》缔约方大会第十五次会议（COP15）提出：到2050年，实现生物多样性可持续利用和惠益分享，实现"人与自然和谐共生"的美好愿景。

鸟类是保持地球生物多样性不可或缺的重要类群。它们的生存状况、物种多样性以及在生态系统中的独特作用，皆是地球生物多样性的生动体现。

本系列科普绘本通过改编孙宁导演和团队创作的三部自然纪录片作品，为读者开启了一扇通往鸟类世界的神奇大门。通过一幅幅唯美的图片和一个个动人的故事，读者得以深入了解真实的大自然，感受鸟类的神奇与多彩，激发对地球家园的敬畏之心和保护意识。

科普绘本是很好的传播途径，而了解物种是保护它们的前提。我们相信每一次有益的尝试就像一粒种子，都会在未来开花结果，都会让我们更靠近人与自然的和谐共生。

图书在版编目（CIP）数据

等鱼的泽一 / 孙宁著. -- 北京：北京师范大学出
版社，2025.6. -- (风之翼：导演的鸟类日记).
ISBN 978-7-303-30078-5

Ⅰ. Q959.7-49

中国国家版本馆CIP数据核字第2024VC8962号

DENG YU DE ZEYI

出版发行：北京师范大学出版社 www.bnupg.com
　　　　　北京市西城区新街口外大街12-3号
　　　　　邮政编码：100088
印　　刷：北京盛通印刷股份有限公司
经　　销：全国新华书店
开　　本：889 mm×1194 mm　1/16
印　　张：4
字　　数：100 千字
版　　次：2025 年 6 月第 1 版
印　　次：2025 年 6 月第 1 次印刷
审 图 号：GS京（2025）0233 号
定　　价：68.00 元

策划编辑：曹　敏　王　芳　　责任编辑：王　芳
美术编辑：袁　麟　　　　　　　装帧设计：袁　麟　敖省林
责任校对：张亚丽　　　　　　　责任印制：李汝星

等鱼的泽一

孙 宁 著

北京师范大学出版集团
BEIJING NORMAL UNIVERSITY PUBLISHING GROUP
北京师范大学出版社

苍鹭，是欧亚大陆与非洲大陆常见的大型水鸟，栖息于江河、溪流、湖泊、水塘等水域岸边及其浅水处。它们主要以小型鱼类、虾、泥鳅等动物性食物为食，多在浅水处或沼泽地觅食，极具耐心。它们会站在一个地方长时间等候，有时长达五六个小时之久，故有"老等"之称。

苍鹭分布地

苍鹭头顶中央和颈部呈白色，头顶两侧和枕部呈黑色。

头顶和枕部两侧有像辫子一样的黑色羽冠。

亚成体与成鸟相似，但头颈以灰色为主，无墨冠。

颈的基部有呈披针形的灰白色长羽披散在胸前。

我叫泽一，正在努力地啄开厚厚的蛋壳。

"蛋壳的外面有什么？"我憧憬着未知的世界。

后来，听妈妈说，她曾孕育了三个孩子，只有我被命运眷顾，幸存了下来。

我家就在黄河边的崖壁上，景色绝佳，你羡慕吗？

我享受着家的温暖和安宁，发呆时也会涌起遐想：飞，是什么感觉？

日子一天天过去，我的身体越来越强壮，甚至感觉自己是个能闯世界的小男子汉了。

你相信吗？反正我相信。

妈妈每天在家和觅食地之间奔波忙碌，她一定是世界上最勤劳的妈妈，我爱妈妈。

可是有一天，妈妈外出捕食迟迟未归。我饥肠辘辘，心中充满焦虑和不安。

"妈妈，我好饿啊！"我望着天空，渴望看到那熟悉的身影。

整整五天，妈妈都没有出现。我感到饥饿、恐惧、无助。

"泽一，你要记住：只有那些具备非凡意志的个体，才能成为大自然的宠儿，才是真正的勇敢者！"我似乎听到了妈妈的声音。

我无路可退，只能张开双翅奋力一跃。

随着羽翼扇动，我的身体逐渐变得轻盈，仿佛挣脱了地球引力的束缚——我飞起来了！
眼前的壮丽景致让我兴奋极了，山林、河流仿佛都奔我而来。那些我曾幻想过的"远方"，
现在都触手可及。

我来到了一处浅滩，这里
一定有能填饱肚子的鱼吧。
我睁大眼睛来回搜寻着。

"鱼，大鱼。"我的眼里只有鱼。

我饿得眼睛都花了，居然把树枝当成了鱼。
好吧，你想笑就笑吧，我也觉得挺滑稽的。

不知道时间过去了多久，反正我一无所获。

我又饿又累。

我想妈妈了。

养活自己真不是一件容易的事儿，我得再想想办法。

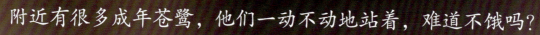

附近有很多成年苍鹭，他们一动不动地站着，难道不饿吗？

原来他们在等鱼！

我学着他们的样子，

在石头上等待着。

耐心，莫非就是苍鹭捕鱼的秘诀？

时间一点一滴地流逝，

我还是一无所获。

这真的是个好办法吗？

我开始怀疑了。

"鱼儿，快点儿来吧！"我默默地祈祷着。

忽然，一条鱼慢慢地游了过来！

我全神贯注，心跳加速。

"鱼儿，你别跑，你是我的……"

23

没想到我也被盯上了！

一只强壮的成年苍鹭突然袭来，瞬间控制住了我。

唉，快到嘴的鱼被抢走了。

"抢就抢嘛，干吗还打人！"

更让人气愤的是，他刚吃完又来了！

他不仅抢鱼，还想把我赶出这片浅滩。

我可不是软柿子！

被激怒的我突然发疯似的冲向那只苍鹭，用尽力气狠狠地啄他。

他显然没料到我会如此勇猛，一时间措手不及，只能落荒而逃。

厄运不会只光顾你一次，幸运也一样。

我尝到了自食其力的甜头，也第一次感受到了胜利的喜悦。

很棒的感觉！

我提醒自己：泽一，要坚强，勇敢地活下去！

33

离开家后，我最想念的还是妈妈。

咦，那是⋯⋯

妈妈？是妈妈！

妈妈在水中缓缓地前行，折断的翅膀低垂着、晃动着。

妈妈受伤了，很严重的伤！

原来，妈妈从来没有抛弃我！

她是在捕食中受伤了，完全无法飞行。

妈妈也发现了我。

我们四目相对，眼神中充满惊讶、无助和深深的爱。

这就是生命，交织着幸运与不幸。

大自然既残酷又公平，我们在其中生存与生活，爱与被爱。

妈妈已经丧失了生存能力。

她拖着残翅走向了崖谷深处……

这也许是我最后一次见妈妈，
我要记住她的样子。

珍藏起妈妈的爱，我要独自面对残酷的大自然了。

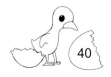

我无惧任何挑战，我要做大自然的勇士。

熬过寒冷的冬天，我们都能等来属于自己的春天。

我是等鱼的泽一，我坚信妈妈的话：

只要具备非凡的意志，我们就是大自然的宠儿！

导演的鸟类日记——苍鹭

  历时三年完成的处女作《大天鹅》，让我信心倍增。就像沙漠里的独行者，突然遇到了一场甘霖。瞬间相信，前方一定有绿洲。然而《鹭世界》的项目可谓是一波三折、困难重重。我一直提醒自己，无论多难，别放弃梦想，因为它是一个人与众不同的标签：昂贵又珍稀。而这一切都源自我们对苍鹭特质的好奇和不舍。

  经过一年多的前采调研，2017年《鹭世界》正式开拍，我将主拍摄地锁定在黄河中游的好汉坡。黄河流经这里，绿水青崖、环境优美且食物丰富，有三百多只苍鹭选择在这里安家。我们发现这里可以搭巢的高大树木较少，大部分苍鹭选择在河边的崖壁上筑巢。它们还是很有眼光的，这里不仅视野开阔，而且相对安全。有时我们也不得不佩服鸟类的智慧。

这里的黄河两岸都是陡峭的悬崖，苍鹭的巢穴就散落在这绝壁上。拍摄点的机位空间更是局促，是突出在崖壁上的一个小平台，活动空间不足 4 平方米。除了来时的方向，其余三面都是深不见底的悬崖，稍有不慎就可能机毁人亡。

桃花还未开放，苍鹭已经进入求偶期了。雄鸟选择合适的地点后，它们会发出低沉的"呕——呕——"声来吸引雌鸟。

2017 年春天，我们在悬崖上完整地记录了苍鹭的求偶过程。雄鸟和雌鸟会相互选择，一旦雄鸟接纳雌鸟进入它的巢区，雄鸟就会开始一系列求偶行为，除了声音，还会用夸张的舞蹈来炫耀自己。如果雌鸟满意就会留在原地，有时会共舞并互相梳理羽毛，这标志着配对成功，双方共同筑巢进入繁殖阶段。

3 月初，河对岸的桃花开满了山坡。苍鹭们经过交配、产卵，进入孵化期。孵化由雌雄亲鸟共同承担，整个孵化期为 25 天左右。

在这期间我们观察到一个有趣的现象——喜鹊会趁苍鹭夫妇换班时偷吃卵。我首次见到时误以为喜鹊要帮忙孵化，没想到竟然是偷食。

我们成功拍摄到了喜鹊偷食卵的整个过程，这也是影片中的一个小插曲。很多家庭的卵都被破坏，幸运的是，我们选定的主角——陆平，它非常机警，寸步不离，保全了自己的三枚卵。

更可怕的是，我们发现了人为的破坏。一天清晨，崖边大树上绑着的一根粗绳引起了我的警觉。绳子一直延伸到崖壁下方，这让我心中涌起一种不祥的预感。我们慌忙地四处查看，眼前的景象让人震惊——一些苍鹭的巢穴被翻动，很多巢里的卵都不翼而飞。很明显是有人偷卵，而这正是这片区域苍鹭存活率很低的主要原因。对苍鹭父母来说，喜鹊好防人难防。

幸运的是，主角家庭因为所处的位置相对险峻，幸免于难。我们立即联系了当地的林业部门，他们答应会加强周边野生动物的保护和监管，确保类似的事情不再发生。两年之后，经过多方努力，这片区域被划为黄河湿地自然保护区。

　　同时，这件事也给我们一个启发，如果能下到悬崖中间，我们就能找到更好的拍摄角度。说干就干，经过考察和准备，摄影师范泽一领着助理凯跃就往崖壁下爬。下到三分之一处时，他们停在一个小平台上交流着什么。突然，泽一顺着悬崖掉了下去！只听见凯跃在平台上大喊着："师傅！师傅！"我大脑瞬间一片空白，腿都吓软了。

　　后来，凯跃是这样描述的：他们当时站在一个表面都是碎石子的小斜坡上，下面的悬崖只够一人通过。他提议让泽一在原地等候，并把设备交给自己。就在传递设备的瞬间，泽一重心不稳，突然脚下一滑，凯跃大叫着："师傅，抓紧绳子！"泽一抓着绳子就像荡秋千一样，在眼前消失了。万幸的是，泽一掉落之后撞到了崖壁上，刚好卡在一个雨水冲刷出来的小沟里，再往下就是六七十米深的悬崖。

我和凯跃呼唤了大约有3分钟，泽一醒了过来。他用仅能活动的左手从背包里掏出了自己心爱的iPad，说："奇了怪了，iPad竟然没碎。"凯跃连忙问他怎么样，有没有伤到哪里，泽一指了指右肩和大腿说："这半边儿，没知觉。"

等他缓慢地爬上来之后，我们马不停蹄地赶往医院，全身检查下来，他只是有些擦伤，并无大碍。确认没有重伤之后，我们才松了一口气。惊魂已定的泽一开着玩笑说："不出两天，我就能提刀上马，继续干活。"

在医院里，我们几个笑着笑着就哭了。

至今我仍忍不住感叹范泽一是条汉子。这就是后来我给主角苍鹭起名"泽一"的原因。摄影师范泽一和小苍鹭泽一都是《鹭世界》这部影片中最重要的角色，这两个弟兄一个都不能少。正是共同的艰难的拍摄经历，一直驱动着我们团队成员配合默契、惺惺相惜。

育雏期，两只亲鸟共同喂养幼鸟，它们在河边觅食并将食物暂存于嗉囊。回到巢穴，父母会把食物反刍给孩子。随着食量的增加，为了抢到食物，幼鸟们会大动干戈。经过大约一个月的成长，幼鸟才能飞翔和离巢。

3月22日，悲剧发生了。陆平先破壳的两个孩子，玩耍时不慎坠落悬崖。受限于地形因素，我们无法及时救援。目睹两只幼鸟的夭折，是我们拍摄中最悲伤的经历之一。

崖壁的最下方仅够一人通行，背靠崖壁，脚下就是汹涌的黄河。在这里的石滩附近，我们又发现了多只坠崖的幼鸟。拍摄不易，一只小苍鹭能长大更不容易。

3月24日，陆平仅剩的一枚卵终于破壳，它就是泽一。作为独生子，泽一成长得很快，妈妈外出觅食时，有我们和它相伴，它的童年还算无忧无虑吧。

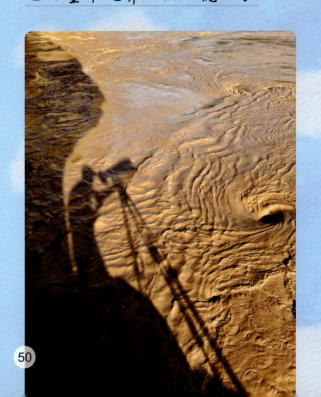

　　有一天，摄制组突然发现陆平几乎不再喂食，回巢的次数也越来越少，甚至玩起了失踪。我们找遍了周围也没能找到陆平的身影。有同伴猜测这是陆平为了迫使泽一出巢，才一直不肯回巢喂食，但两年的拍摄经验告诉我，陆平的这个行为不正常。

　　经过几天的煎熬，饥饿难耐的泽一飞离了巢穴，在我们担忧的目光中，泽一很快就飞出了我们的视线。摄制组兵分三路，第一组原地等待，第二组沿着泽一的飞行方向寻找，第三组则乘船过河，沿着对岸苍鹭经常捕食的浅滩寻找。经过两个多小时的搜寻，我们终于在下游距离巢穴约一千米远的地方发现了泽一，这里是一处浅滩，聚集了很多苍鹭。

　　瘦小的泽一格外醒目，我们一眼就认出了它。从泽一的破壳到离巢飞翔，这期间每一天摄制组都陪伴在旁，几十天的相处，让我们彼此都很熟悉。

　　即便如此，我们还是得谨慎行动。苍鹭十分机警，一有风吹草动就会四散飞逃。我们的摄像机距离它们五十多米，每次只能挪动几十厘米，一点点地靠近才不会惊扰到它们。要拍到理想的镜头，需要的不仅是天时地利人和，更需要"老等"一样的耐心。

为了拍摄到泽一觅食的镜头，摄制组做了个一大胆的决定。在一个晴朗的月夜，我们把伪装帐篷搭在了苍鹭的觅食地。先让周边的苍鹭们适应一下这个突然出现的大家伙。

　　凌晨时分，摄影师在夜色的掩护下，悄悄钻进帐篷，等候早起的鸟儿来觅食。这个举动非常冒险，可能会把泽一吓跑，再沿着黄河河道找到泽一可能又要一两天的时间。

　　苍鹭觅食活跃的时间是早晨和晚上。我们一旦进入帐篷至少得等到中午时分才能出来。初夏的阳光不只是温暖了，密不透风的帐篷里又热又闷，就像蒸桑拿一样。为避免惊扰到苍鹭，我们不敢有拍摄之外的任何动作，就连呼吸都谨慎了许多。帐篷里的我们汗如雨下，只能通过拍摄孔通风降温。

　　等待，像等鱼的苍鹭一样，这时的我们都是"老等"。

　　拍摄中我们也发现了苍鹭的觅食特点，它们更喜欢守株待兔，会非常有耐心地待在一个地方一动不动。捕食的成功率取决于各自的运气和耐心，有的苍鹭甚至一天都没有捕到鱼。它们也会改变策略，看到其他苍鹭捕到鱼后，它们会争抢地盘，从而引发打斗。

　　经过连续几天的蹲守等待，我们终于拍到了理想的画面。在帐篷里，我们幸运地拍到了小泽一觅食的镜头。更幸运的是，还拍到了小泽一一次又一次地被成年苍鹭欺负打压，最后完成绝地反击、守住自己劳动果实的画面。我们见证着泽一踏上了强者之路。

或许是继承了父母的捕鱼天分，泽一的捕食技巧越来越娴熟。现在，它已经能养活自己了。我们陪伴着泽一，就像陪伴自己的孩子一样。

　　大部分苍鹭觅食结束后都会进入"待机状态"——有的回到岸边休息；有的梳理体羽，保持羽毛干净和松软；有的回巢换班，陪伴幼鸟。

　　而泽一仿佛不知疲倦。它有时沿着岸边四处游走，有时在天空盘旋，有时会飞往它出生的巢穴。后来它经常落在巢穴附近，上下张望，它是一个有心事的孩子。

　　泽一的行为让我们紧张起来。通常来说，能独立觅食的幼鸟很少返回巢穴。经过几天的观察和分析，我们推测泽一是在寻找妈妈，而我们也最少有一周没见过陆平了。

厚厚的云彩遮蔽了天空，让世界都变得阴郁起来。我们再次来到泽一喜欢觅食的石滩，等候了一上午仍然没有发现泽一的身影。这是几个月来第一次和泽一失联。

巢穴、石滩、崖壁都没有泽一的身影。当我们搜索到巢穴正下方的石滩时，一幅令人永生难忘的画面猝不及防地闯入了我们的视线。

一只苍鹭立在水边，它的一只翅膀断了，仍倔强地想要起飞。它奋力起跳，"扑通"一声，重重地砸进了水里，而在不远处的石滩上，泽一远远地看着这一幕。那一刻，我的脑袋像是被什么击中了一般，翁的一下就懵了。我的心中突然蹦出一个名字。

现场弥漫着压抑和悲伤，泽一走得很慢，缓缓地靠近。天啊，这只受伤的苍鹭竟然真的是陆平！陆平的伤非常严重！折断的翅膀低垂着、晃动着。陆平也发现了泽一，它挣扎着试图离开泽一的视线。

我们没预料到与陆平再见竟是这般悲凉的场面，对鸟儿来说翅膀断裂，意味着死亡。这一幕距今已经过去了七八年，但每每回想起来还是会心头一颤。我们曾无数次地感受过人间的悲欢离合，但这是第一次亲眼看到大自然中的悲欢离合。这种别样的生命体验或许就是大自然对创作者的恩赐吧。

　　苍鹭在中国南方繁殖的种群为留鸟，不迁徙；而在中国北方繁殖的苍鹭种群，冬季都要迁徙到南方越冬。

　　秋天，苍鹭们纷纷离开繁殖地，或是迁徙或是各自寻找新的觅食地，都在为即将到来的冬天做准备。冬天，是所有生物都很难熬的一个季节。不仅是鸟类在为食物发愁，我们在荒无人烟的河边也会因为食物而皱起眉头，有时候一瓶矿泉水、一袋干脆面、一个鸡蛋就是我们一天的口粮。我们想再次找到泽一，陪伴它度过漫长的冬季。

　　一场大雪让所有的路更加难走，走到悬崖边的拍摄点是要冒着生命危险的。但就是在这里，我们找到了长大的泽一，因为没有父母的引导，它落单了。泽一的故事并没有结束，我相信经过冬季的磨炼，它一定能迎来属于自己的春天，真正成为大自然的宠儿。

苍鹭是《大天鹅》中的第一配角，随着拍摄的深入，我越来越觉得这种鸟值得关注。它们有着独特的品质——耐心。为了捕鱼，它们在石头上能站五六个小时，正像我们用五年时间创作一部纪录片。

《鹭世界》不仅是一部关于苍鹭的纪录电影，更是一个关于耐心和坚持的故事。向世人展示发生在我们身边却不被关注的生命故事，能感知到大自然里生命之顽强、生存之不易是多么幸运的事啊。

毫不夸张，《鹭世界》耗尽了我和团队全部的财力、智力和体力。我第一次真正感受到从事自然类纪录片创作是一条极其艰难之路。经过多方支持，2020年元旦《鹭世界》进入全国院线，作为中国第一部全景声自然电影，它被中国纪录片研究中心誉为"中国自然类纪录片的里程碑之作"。虽然创作不是为了收获认可，但观众的认可和同行的赞誉还是能抚慰创作的艰辛。我怀揣希望，多次绝望地问自己：还会有下一部吗？

自然之美·人文之美·意蕴之美

北京师范大学亚洲与华语电影研究中心执行主任

艺术与传媒学院教授　博士生导师

张　燕

　　在自然类纪录片领域，孙宁导演的《大天鹅》《鹭世界》等影片是独特的存在，影像故事动人动情，视听呈现唯美精致，不仅媲美于《迁徙的鸟》《海洋》《帝企鹅日记》等世界经典的自然电影，而且全景声、优视听等持续摸索创造了中国自然类大片的生态创作模式，并享有一定的国际声誉。在中国，由于此类纪录片"制—发—放"等上下游产业链不顺畅，实际上导致了编导创作者在投融资、发行放映、市场推广等方面的诸多不易。就这一点而言，孙宁导演的不懈探索与创作引领弥足珍贵，而且成果斐然。

　　在纪录片的基础上，孙宁导演与北京师范大学出版社合作，根据《大天鹅》《鹭世界》以及即将公映的《朱鹮的传说》等系列纪录片，改编创作成《不会飞的天鹅妈妈》《等鱼的泽一》《朱鹮的传说》（"风之翼：导演的鸟类日记"系列）三本图书，在文图并茂之间，生动优雅的情感故事、纯美洗练的影像画面缓缓溢出，以美化人、以情感人，美不胜收，令人共情共鸣。令人感受最深的是，导演以独特理念与全景世界讲述中国最美的自然故事的努力与坚持，既契合了当下国家着力推进的"讲好中国故事""讲好好看的中国故事"，同时亦以东方美学呈现国际观众能够看懂且爱看的中国故事与文化形象。

　　某种程度而言，从影片到图书，二者相辅相成，共同实现了强调人与自然和谐相处的银幕生态美的"身—心—境"三重境界。"身"在于自然。导演热爱大自然，以真诚情怀、真爱守护与坚韧探寻，在系列作品中精彩捕捉不同的鸟类，聚焦折翼天鹅、擎天苍鹭、勇敢朱鹮等，生动讲述了物种繁衍、优胜劣汰、顽强生存、生命延续等不同方面的故事，并且经过前期坚持数年野外拍摄与后期精心择选剪辑，在银幕上展现出季节变化中轻盈灵动、多姿多彩的鸟类影像，呈现出山水之间天地动人的自然景观。"心"在于自然题材中浸润的人文故事。表面上，导演只是实地拍摄或文图记录真实自然的鸟类故事，但实际上，精心捕捉了天鹅、苍鹭、朱鹮等的爱情、母爱、成长等故事，这些主题与人类情感是相通的，鸟类自然的生命顽强坚韧与文化符号之下的人文理念相通，具有超